黄龙病疫区永春芦柑种植管理新技术

刘永忠 张生才 编著

中国农业科学技术出版社

图书在版编目（CIP）数据

黄龙病疫区永春芦柑种植管理新技术 / 刘永忠，张生才
编著 . —北京：中国农业科学技术出版社，2017. 10
　ISBN 978-7-5116-3285-2

Ⅰ.①黄… Ⅱ.①刘… ②张… Ⅲ.①柑一果树园艺
Ⅳ.①S666. 1

中国版本图书馆 CIP 数据核字（2017）第 241845 号

责任编辑　崔改泵　李　华
责任校对　贾海霞

出　版　者　中国农业科学技术出版社
　　　　　　　　北京市中关村南大街12号　　邮编：100081
电　　　话　（010）82109708（编辑室）　（010）82109702（发行部）
　　　　　　　　（010）82109709（读者服务部）
传　　　真　（010）82106626
网　　　址　http: // www.CASTP.cn
经　销　者　全国各地新华书店
印　刷　者　北京富泰印刷有限责任公司
开　　　本　880mm×1230mm　1/32
印　　　张　2　　　彩插　4面
字　　　数　58千字
版　　　次　2017年10月第1版　　2017年10月第1次印刷
定　　　价　26.00元

《黄龙病疫区永春芦柑种植管理新技术》
编著委员会

主 编 著：刘永忠　张生才

编写人员：丁　芳　潘志勇　张宇平　潘建铮

　　　　　尤有利　范国泰　杨　勇

前　言

　　芦柑又名椪柑，是我国优良的宽皮柑橘品种之一，在世界柑橘生产中具有独特的地位。福建省永春县自20世纪50年代就开始种植芦柑，长期以来一直是永春县农村经济的重要支柱产业，也是全国种植规模大、知名度高、出口量最多的著名芦柑产地。"永春芦柑"也是我国柑橘产业中最著名的农产品区域公用品牌，2014年的评估价值达26.33亿元。

　　永春芦柑是永春县农村经济的支柱产业，在繁荣永春经济、出口创汇、促进当地人民脱贫致富的过程中起着非常重要的作用。然而自2000年开始，黄龙病在永春芦柑种植产区迅速蔓延，致使许多果园出现黄化、经济产量和效益持续下降。据统计，2016年永春芦柑有60%左右的面积受到黄龙病为害，黄龙病已经成为限制永春芦柑产业健康发展的一个重要因子。2013年在福建省农业厅、永春县农业局和国家现代农业（柑橘）产业体系的支持下，开始在永春天马柑橘场进行芦柑黄龙病防控新技术试验示范。通过全园清理、彻底烧毁病树，建立完善的生态隔离系统，定植无病毒大苗，动态更新病树，采用矮密早丰产栽培和快速灭杀木虱等技术，不仅使果园的黄龙病得到有效控制（目前为止未发现明显症状植株），而且使果园快速投产、见效益，提高了果农防控黄龙病的积极性。2015年定植第3年株产平均达21.5kg，2016年定植第4年株产平均达41kg，>75cm的大果率为86%。同时，华中农业大学和农业部果树专家组分别在2015年和2016年组织相关专家对天马柑橘场300余亩"黄龙病疫区（山地）柑橘种植新技术"试验示范基地进行现场考察。通过认真考察，专家们均认为该技术（模式）易于操作、实用性强，能够有效防控柑橘黄龙病。2016年来自黄龙病疫区的考察专家将该技术总结为集防护林隔离、无毒大苗定植、动态更新病树、全园快速灭杀木虱、矮密早丰栽培等五措并举的"永春模式"。

为了方便果农掌握黄龙病疫区芦柑种植技术，促进黄龙病疫区柑橘种植技术的普及和提高，国家现代农业（柑橘）产业体系栽培岗位科学家刘永忠教授和福建永春芦柑试验站张生才站长共同编著了《黄龙病疫区永春芦柑种植管理新技术》一书，其中华中农业大学丁芳副教授（第二章）、潘志勇副教授（第四章），国家现代农业（柑橘）产业体系福建永春芦柑试验站团队成员张宇平（第一章）、潘建铮（第六章）、尤有利（第五章）、范国泰、杨勇（第三章）等同志参与了本书部分编写工作，华中农业大学彭抒昂教授认真审阅全文，吕化荣、宁东媛、罗丽娟等参与了本书的校稿工作。本书共分七章，第一章主要介绍永春芦柑生产的意义、气候条件、种植历程和存在的挑战；第二章主要介绍黄龙病为害及其识别相关基础知识；第三章重点介绍在黄龙病疫区种植柑橘时建园特点和新要求。为了方便果农使用，改变过去按"品种、生物学习性、育苗、土壤管理"等环节进行分章的格式，第四章至六章则按季节分别介绍不同树龄的果园管理。第七章则对疫区柑橘黄龙病为害防控进行总结。本书力求简单实用、通俗易懂，供广大一线从事柑橘生产和科技人员使用，期望能为促进黄龙病疫区柑橘产业健康发展尽微薄之力。由于编著者水平有限，本书不妥之处，敬请广大同行、读者批评指正。

本书的编写得到国家现代农业（柑橘）产业体系首席科学家邓秀新教授、华中农业大学彭抒昂教授的大力支持，也得到了现代农业（柑橘）产业技术体系（CARS—26）、福建省泉州市科技局燎原计划（永春黄龙病综合防控关键技术的研究与示范，2016N001）、（福建）省级永春芦柑种植标准化示范区（FSF9—11）等项目支持，在此一并表示感谢！

编 著 者
2017年8月

目　录

第一章

永春芦柑栽培概述

一、种植意义

芦柑又名椪柑，是世界上比较优良的宽皮柑橘类品种。其栽培适应性广、结果年限长、丰产性好，果实色彩鲜艳、易剥皮、肉质脆嫩、汁多化渣、风味浓厚、营养丰富，深受国内外生产者和消费者喜爱。永春县自1954年开始种植芦柑，目前已成为我国芦柑种植、出口的主要地区，是永春县农村经济的支柱产业，"永春芦柑"2014年中国农产品区域公用品牌价值达26.33亿元。1998年芦柑种植面积超过9 000hm^2、产量超过18万t，年产值超过2.5亿元，占全县农业总产值超过20%。同年永春芦柑出口超过2.8万t（未包括异地商检出口），创汇1 400多万美元，是全国芦柑出口最多的县。2008年永春芦柑出口超过14.6万t，创汇1亿多美元，达到历史最高值。近年来虽有黄龙病为害，永春芦柑出口仍超过4万t，创汇6 000多万美元。因此，芦柑不仅是永春县农村经济的支柱产业，也在繁荣永春经济、出口创汇、促进当地人民脱贫致富的过程中起到了非常重要的作用。

二、种植的环境条件

（一）地理地势条件

永春县位于福建东南部，地处东经117°41′55″～118°31′9″，北纬25°13′15″～25°33′45″，全境东西长84.7km、南北宽37.2km的狭长地带，戴云山脉自北向南绵延全境。全县地势由西北向东南倾斜，最高为海拔1 366m的雪山、最低为海拔83m的东关鱼目隘。永春县以蓬壶马跳为界，分为东西两部分，西北部属于山区或高山区，海拔多在400～800m，有接近60座1 000m以上高山，东南部地势较低，属于半山区或平原区，沿桃溪中下游两岸海拔多在100～400m。

（二）气候条件

永春县属于亚热带季风气候区，处于南亚热带和中亚热带两个过渡性气候带上。南亚热带和中亚热带的分界线横贯永春县中部的大吕山、马跳、埔头、上沙、外丘、仙溪、湖城，此线东南部多为南亚热带区、西北部多为中亚热带区。永春县无霜期320d，热量充足、雨量充沛，是芦柑栽培的最适宜区。据永春县气象站（海拔176m）多年资料统计，永春县年均气温为20.4℃，7月均温28.1℃，1月均温11.9℃；极端高温多年均值为37.2℃、极端低温多年均值为-0.56℃；≥10℃年积温多年均值为7 217℃。由于永春地势海拔高度差异显著，根据气温垂直变化率（0.6℃/100m），永春全县各地平均气温为17～21℃，≥10℃的年均积温为5 500～7 350℃。

永春年降水量1 600～2 100mm，历年平均降水量为1 708mm，一年中降水量的分布非常有特点，呈现出上升下降、上升下降的趋势，1—6月降水量呈递增趋势，7月降水量剧减，8月降水量回升，9月后降水量锐减。另外，全年大致表现为4个雨季：2—4月的雨季强度不大、持续时间长，降水量占全年16%～20%；5—6月的雨季强度大、降雨突然、雨量多，占全年30%～35%；7—9月的雨季多为台风雷阵雨,强度大、时间短,占全年的35%~40%;10月至翌年1月的雨季雨量稀少,仅占全年10%左右。另外,据资料记载,永春县全年年均蒸发量为1 572mm,年变化趋势与气温变化趋势基本一致,7月最多为212mm,2月最少为68mm。

永春芦柑种植经常会遇到一些灾害性气候,如7—9月的台风暴雨、秋冬季的干旱天气,以及局部地区的冰雹危害等,在芦柑种植过程中随时需要注意做好预防工作。

三、永春芦柑的栽培历程

永春在明、清年间就在屋前房后零星种植有金橘、香橼、佛手柑、柚、橙、凤柑等,但是芦柑的种植是在新中国成立后才开始发展起来的。1953年,曾任福建省副省长、全国侨联副主席尤杨祖先生回到永春家乡创办猛虎华侨垦殖场,1954年就从漳州引进芦柑苗木,种植在猛虎山海拔600多米的鸡屎坑上,被认为是永春芦柑种植的发祥地。随后不同年份在北硿华侨茶果场、湖洋龙山村石鼓尖农场、天马华侨垦殖场等地分别引种了不同数量的芦柑苗木,截至1960年,全县种植芦柑1 200余亩(1亩≈667m²,全书同)、年产20t。综观永春芦柑种植60余年的面积和产量(图1-1),可以发现永春芦柑的发展经历了一个较长(超过20年)的缓慢发展和快速发展时期,在2005—2006年面积和产量均达到最高,随后经历了近10年的下降,到2016年种植面积和产量又表现出上升趋势。

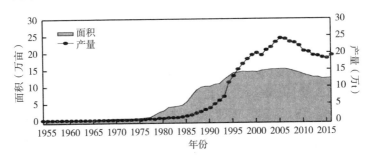

图1-1　永春县历年芦柑种植面积和产量变化(数据来源:永春县统计局)

（一）缓慢发展阶段

20世纪60年代中期到20世纪70年代末期为缓慢发展阶段。该时期由于国民经济暂时困难及调整的影响，永春芦柑生产发展比较缓慢，1965年的芦柑柑橘面积比1960年减少了300多亩；20世纪60年代后期芦柑种植有一定发展，到1970年面积达到4 350亩，产量达到560t；20世纪70年代初期由于受到"以粮为纲"等思想影响，永春芦柑发展缓慢，不过到1977年芦柑种植面积仍达到8 000多亩，产量接近4 000t，跃居福建省首位。

（二）快速发展阶段

十一届三中全会以后，永春芦柑进入了快速发展阶段，从1977年开始，种植面积跳跃式增加。1977年种植面积8 000余亩，1982年、1987年、1992年和1997年的种植面积分别为4.0万余亩、8.9万余亩、10.8万余亩和14.5万余亩，随后种植面积增加逐渐趋缓，到2005年或2006年，种植面积达到最高值，为15.2万亩左右。永春芦柑产量大幅度增加始于1985年以后。1985年产量约为1.2万t，1995年和2005年产量分别达到13.11万t和24.44万t，芦柑种植规模居全国各县前茅。

（三）下降阶段

在2006—2015年10年期间，永春芦柑种植面积和产量一直呈现下降趋势，主要原因是黄龙病在永春县快速蔓延，部分果园由于黄龙病严重感染而毁树。

（四）再发展阶段

2016年以后，永春芦柑的面积和产量又分别呈现上升势头，与2015年相比，面积和产量分别增加了0.8%和5%左右。"黄龙病疫区芦柑种植新技术"的研发和示范提振了政府和永春芦柑种植户的信心，永春芦柑较高的销售价格驱使大量民营资本进入芦柑种植行业，这是永春芦柑面积和产量呈现增加趋势的重要原因。

四、种植分布和发展挑战

（一）种植分布

永春县土地面积1 468km^2，辖桃城镇、湖洋镇、蓬壶镇、五里街镇、岵山镇、下洋镇、一都镇、坑仔口镇、玉斗镇、锦斗镇、达埔镇、吾峰镇、石鼓镇、东平镇、东关镇、桂洋镇、苏坑镇、仙夹镇18个镇，横口乡、呈祥乡、介福乡、外山乡4个乡。永春22个乡镇均种植柑橘，其中湖洋、桃城、岵山3镇的面积和产量分列前3位，均超过1万亩，占永春芦柑产量的35.6%（表1-1）。

表1-1　永春县各乡镇柑橘生产情况（2007年）

乡镇名称	面积（亩）	产量（t）	乡镇名称	面积（亩）	产量（t）
湖洋镇	25 099.5	51 000	玉斗镇	4 549.5	6 658
桃城镇	16 536.0	24 178	下洋镇	4 528.5	3 867
岵山镇	10 000.5	15 362	桂洋镇	4 150.5	5 168
达埔镇	9 435.0	13 905	介福乡	3 739.5	4 175
东关镇	8 920.5	12 936	一都镇	3 565.5	7 021
石鼓镇	8 140.5	10 761	苏坑镇	2 968.5	4 250
东平镇	7 834.5	11 950	外山乡	2 775.0	3 965
五里街镇	7 333.5	13 091	仙夹镇	2 518.5	2 960
蓬壶镇	7 084.5	12 673	锦斗镇	1 999.5	2 322
坑仔口镇	7 020.0	10 340	横口乡	1 272.0	1 822
吾峰镇	5 200.5	9 350	呈祥乡	300.0	450

（二）发展挑战

永春芦柑产业持续快速发展，且成为全国芦柑栽培规模最大的产区，这离不开永春县人民政府长期以来在政策、资金、技术等各方面的支持。例如，早在20世纪70年代末期就设立经济作物局、经济作物技术推广站、柑橘研究所等机构；在20世纪80年代初期实行"谁种谁拥有、长期不变和允许继承转让"的荒山开发政策，实行提供苗木、化肥补贴、拨款、贷款扶持政策，及时实施技术培训和建立完善的管理服务体系等。但是近年来，随着黄龙病为害加剧、劳动力缺乏和劳动成本上升、国内外对食品安全的高度重视和果品贸易的高度市场化，永春芦柑持续健康发展遇到了严重的挑战，具体概括为以下3个方面。

1. 成功防控黄龙病的挑战

黄龙病已经成为世界柑橘产业中的"艾滋病"。自2000年开始，黄龙病在永春芦柑种植产区迅速蔓延，许多果园出现黄化、经济产量和效益持续下降。据统计，2016年永春芦柑有60%左右的面积受到黄龙病为害，因此有效防控黄龙病是永春芦柑产业持续发展面临的第一个挑战。

2. 实施省力、安全、优质栽培技术的挑战

优质、安全的果品是消费者追求的目标。与其他产区一样，由于劳动力不足和劳动成本急剧上升，永春芦柑生产也出现管理粗放、病虫害滋生、品质下降等问题，因此实施省力、安全、优质栽培技术是永春芦柑产业持续发展面临的第二个挑战。

3. 生产经营模式的挑战

目前永春芦柑生产虽然出现了一些大户经营（经营规模>50亩），但是更多的还是小农生产、小规模种植（经营规模<10亩）。小农经营不仅因实力不足而不能实施省力标准化栽培技术、整体提高果实商品性能，而且应对高度自由化的果品贸易市场能力不足，经常导致丰产不丰收、优质不优价，严重影响了果农生产积极性，同时也影响了防控黄龙病的积极性。因此建立适度规模的生产模式、成立类似柑橘专业合作社的生产经营联合体是永春芦柑持续健康发展面临的第三个挑战。

第二章

黄龙病为害和症状识别

一、黄龙病基本知识

（一）黄龙病的命名

柑橘黄龙病（Citrus huanglongbing，HLB）又称黄梢病，在不同国家(地区）曾有不同的名称，如南非称其为青果病（citrus greening），菲律宾、印度和印度尼西亚分别称其为叶斑驳病（leaf mottle）、梢枯病(dieback）和叶脉韧皮部退化病（vein phloem degeneration），中国台湾地区称其为立枯病（likubing）等。我国植物病理学专家林孔湘教授最先证实了黄龙病菌可以通过嫁接传染。为纪念林教授对柑橘黄龙病研究做出的杰出贡献，1995年在福州召开的第13届国际柑橘病毒病学家组织会议上各国专家一致通过以黄龙病（Huanglongbing）作为该病害的统一名称。

（二）黄龙病的病原

早期对柑橘黄龙病的病原属性一直争议不断，Moll等（1974）根据所观察到的黄龙病菌的包膜厚度，认为黄龙病的病原应归类为类细菌体（BLO）。柯冲等（1979）运用电镜诊断法也观察到病树体内病原的分布，分别将其鉴定为类立克次体和类菌原体。Garnier等（1984）通过电镜观察发现黄龙病菌的膜结构外壁和内壁间存在肽聚糖，与革兰氏阴性细菌的细胞壁结构相似，认为黄龙病的病原是一种革兰氏阴性细菌。20世纪90年代，随着分子生物学技术的发展，为深入认识黄龙病菌的性质提供了有力的工具。Villechamoux等（1993）成功克隆了一个亚洲青果病菌系Poona（来自印度）基因组的一个2.6kb DNA片段，并对其进行了测序。通过进一步分析，他们发现黄龙病（青果病）病原该段序列与细菌BLOs操纵子高度一致，最终确认其为真细菌的一员。

2009年美国农业部（USDA）植物病理学家段永平教授首次完成了黄龙病菌亚洲种的全基因组测序工作，在基因组织水平上证实柑橘黄龙病病原是一种仅限于韧皮部寄生的革兰氏阴性细菌。迄今该病菌仍无法成功获得离体纯培养，因此尚未完成柯赫氏法则的验证，故以候选的韧皮部杆菌属（*Candidatus* Liberibacter）命名。根据黄龙病菌16s rDNA序列特征及其他的生物学特性将其分为亚洲种（*Candidatus* Liberibacter asiaticus）、非洲种（*Candidatus* Liberibacter africanus）和美洲种（*Candidatus* Liberibacter americanus），我国迄今为止仅检测到亚洲种。

（三）黄龙病菌的寄主

黄龙病菌能够侵染所有的芸香科植物，包括柑橘属、枳属、金柑属、九里香属、黄皮属、酒饼簕属等，目前生产中尚未发现抗病种质资源。另外也发现菟丝子（*Cuscuta australis*）、乌柑子（*Severinia buxifolia*）、木苹果/象果（*Limonia acidissima*）、长春花（*Catharanthus roseus*）、烟草（*Nichotiana tabacum*）和番茄等非芸香科植物也可以感染黄龙病菌。

（四）黄龙病菌的传播媒介——木虱

黄龙病菌虽然可以通过嫁接或菟丝子在病、健树之间传播，但是田间最主要的传播媒介是柑橘木虱（*Diaphorina citri kuwayama*）

和柚喀木虱（*Cacopsylla citrisuga*）（目前仅在云南德宏报道）。
柑橘木虱成虫体长只有3mm左右，青灰色、密布灰褐色斑纹。很
多时候，木虱成虫栖息或取食时，都是头部下俯、45°倒立在新
梢上部嫩叶上（彩插图2-1），易与其他害虫区别。木虱成虫有趋
黄、趋红特性，飞翔能力较弱，在冬季一般以成虫群集在叶背越
冬，春季气温回升达到18℃时，就会在春梢嫩叶上交尾产卵。卵散
产或聚集产于新梢、嫩芽缝隙，2～4d后卵很快就孵化为若虫，若
虫有5龄、移动性差，经过11～40d就会变成成虫（吴定尧，1980；
Grafton-Cardwell et al，2013）。如果生长季节园内不停有新梢抽
生，木虱就能够不断在嫩梢上产卵并孵化出若虫，产生世代重叠
现象，不仅造成果园内木虱种群迅速扩大，同时通过多次循环取
食，加快黄龙病的传播，5～10年就可毁灭橘园（Gottwald et al，
2007）。

黄龙病菌的传播与柑橘木虱成虫和高龄若虫（3龄以上）在柑
橘幼嫩新芽上取食有关。木虱取食带病植株后，病菌可通过口针进
入肠道，在中肠上皮细胞快速增殖，并进入血腔继续繁殖，然后逐
渐移行至其他组织，最终进入唾液腺。亚洲柑橘木虱一旦获菌便能
终身传病，尤其是木虱若虫取食带菌植株后，体内病菌的相对浓度
会迅速增加，在取食10～20d后能提升约360倍，具有非常强的传毒
能力（Pelz-Stelinski et al，2010；Grafton-Cardwell et al，2013）。
随着取食时间的延长，带病植株营养状况不佳以及其他信息的刺激
都将使木虱扩散到其他植株取食，加快黄龙病菌的扩散。

二、黄龙病对柑橘产业的为害

黄龙病是世界范围内柑橘生产上的毁灭性病害，被众多国家
列为检疫性细菌病害。黄龙病感染的病树主要表现为产量低、果实
品质劣、树体经济寿命短（幼年树感病后3～5年死亡，成年树经济
寿命也大大缩短）。20世纪60—80年代，印尼和菲律宾因柑橘黄

龙病的为害共砍除了1 000多万株病树，柑橘种植面积减少60%；同期泰国北部和东部省份高达95%的柑橘树都感染了该病，70年代南非的柑橘产地几乎被黄龙病摧毁。自2004年巴西首次发现黄龙病以来，到2007年为止，圣保罗州共有200万株病树被砍除。据UF/IFAS调查显示，美国佛罗里达州2005年首次发现柑橘黄龙病以来，该病已导致佛罗里达损失78亿美元，减少了16.22万英亩（1英亩≈4 046.86m^2）柑橘以及失去了7 513个工作岗位，柑橘产量缩减超过50%。截止到2015年，美国柑橘主产区的佛罗里达州的柑橘面积和产量均下降了约50%，且还在发展。随着全球气候持续变暖，柑橘木虱活动范围扩大，黄龙病的为害将呈上升趋势，目前已经有54个国家（地区）报道有柑橘黄龙病的发生和为害。

　　20世纪60年代以前，我国柑橘黄龙病主要分布在广东、广西壮族自治区、福建、台湾地区，目前已扩展至江西、湖南、浙江、云南、贵州等地。随着柑橘产区扩大和分散经营管理，黄龙病在老病区为害日益加重，新病区不断出现，已呈不断蔓延的趋势，给我国柑橘产业带来严重损失。据不完全统计，在我国广东、广西和福建等地，因感染黄龙病有4 000多万株病树被砍除，目前广东柑橘主产区受损面积达70%以上。江西赣州2012年以来因黄龙病为害所造成的产量损失达30%以上。福建省大部分柑橘产区也受到黄龙病为害，其中永春芦柑遭受黄龙病为害最为严重，面积和产量缩减幅度达60%以上。据2015年农业部种植业司统计，目前已有11个省（市、自治区）遭受其为害，发生柑橘黄龙病的面积已达150万亩。黄龙病已经成为限制我国柑橘产业发展的主要因子。

三、黄龙病为害症状识别

　　黄龙病菌侵染柑橘类寄主植物后，较短时间内多数情况下不能立即表现症状，通常存在潜伏期。潜伏期的长短受品种、树龄、树势及环境因素的影响。一般来说潜伏期少则数月，多则半年以上。

芦柑相对于其他柑橘品种对黄龙病菌更为敏感。柑橘黄龙病在枝、叶、果实及根部均可呈现不同程度的症状。在春梢、夏梢、秋梢均可发病，其中以夏梢上发生最多，秋梢次之。春梢发病多在5月以后，症状多出现在叶片转绿后，表现为叶脉基部转黄后部分叶肉褪绿，叶脉逐渐黄化，叶片出现不规则黄绿斑块，且伴随有淀粉积累现象。夏梢、秋梢则从7月开始，症状最为明显，多表现为均匀黄化、类缺素症状和斑驳症状。叶片明显变小、硬化失去光泽，有的表现为叶脉肿大，严重的叶脉背部破裂，似缺硼症状。按照发生部位主要有如下几种症状类型。

（一）枝梢症状

树冠顶部出现个别或小部分枝梢先发病，表现为黄化，即黄梢症状。随后病梢下段枝条和树冠的其他部位也发病，经1~2年后全株发病。需要注意的是，感染黄龙病的柑橘树通常不会一开始就呈现全株性黄化，若田间出现全株性黄化应综合考虑，可能是由其他生物或非生物因素所致。

（二）病叶症状

黄龙病引起的柑橘叶片黄化主要有3种类型，即斑驳型黄化、均匀型黄化和缺素型黄化。斑驳型黄化为黄龙病典型症状，表现为黄绿相间的不均匀褪绿，界限稍模糊，且斑块不对称（彩插图2-2A）。均匀型黄化表现为叶片呈均匀的淡黄绿色黄化，叶片变小、直立，老叶革质化，失去光泽。缺素型黄化病叶小，叶片主、侧脉绿色，叶肉呈淡黄色或黄色，与缺锌、锰等症状类似。

（三）果实症状

黄龙病菌感染果实后表现的症状类型因品种而异，一般感染椪柑、沙糖橘等宽皮柑橘的果实，常表现为着色不均匀，果蒂和果肩周围先褪绿转色，其他部位仍然为青绿色，果实小，畸形，俗称"红鼻子果"（彩插图2-2B），是柑橘黄龙病最主要的典型症状。感染甜橙、柚类等果实通常表现为绿色青果，俗称"青果"（彩插图2-2C）；有的不转色现象严重，果实僵小，中心柱偏移。

（四）根部症状

主要表现为根系萎缩，须根少，根部腐烂，不长新根，最后整株枯死。根部症状严重程度通常与地上枝梢相对应，枝叶发病初期，根部无明显症状；叶片黄化脱落时，须根及细根开始腐烂，后期蔓延到侧根和主根，皮层破碎，易与木质部分离。

由于柑橘黄龙病田间表现症状的复杂性，易与其他侵染性和非侵染性病害症状相混淆；同时由于黄龙病菌在柑橘体内分布不均匀，且存在潜伏侵染的特性，依赖症状识别进行黄龙病诊断容易延误时机。目前该病害的早期快速诊断主要依赖实验室技术鉴定，常用的方法有PCR，巢式PCR及qPCR技术等，由于受到实验室设备、仪器等条件制约，很难在生产上应用。开发适应生产上高通量快速检测的产品对于柑橘黄龙病的快速诊断意义重大，也是保证整个柑橘产业健康发展的重要前提。

第三章

黄龙病疫区芦柑建园

芦柑是多年生果树，适宜地区正常管理情况下，树龄可长达百年以上。园地是芦柑生长发育的基础，要实现芦柑早结、丰产、优质高效栽培，园地选择和建设非常重要。在黄龙病疫区，以方便黄龙病防治为核心，选择适宜园地、做好规划、建设好各项基础设施，这是芦柑能够长久种植、获得预期效益的重要保证。

一、园址选择

无论是老果园重建还是新建园，在黄龙病疫区选择园址种植芦柑，除根据芦柑对环境条件的要求（温暖湿润、空气流通、不耐低温、根部好气），考虑地形、海拔、坡度、坡向和土壤等因素外，还特别需要注意以下几个方面。

（1）果园环境相对独立。有山头隔离或有较宽（最好1 000m以上）的生态林带隔离（彩插图3-1），以限制木虱迁徙、方便木虱防控。

（2）交通便利，方便果实、生产资料的运输。对于一些环境非常好、交通不方便的地方，必须提前建设好进出园区的道路。

（3）地势相对平坦，方便使用省力机械设备，提高木虱防治效率、降低生产成本。

（4）有充足的熟练芦柑管理的劳动力和充足的水电资源。熟练芦柑管理的劳动力是生产高品质芦柑的重要保障。

（5）根据自己的管理能力确定园区面积大小。在黄龙病疫区目前仍然需要采用化学（农药）方法控制木虱，因此果园面积大小主要取决于一定时间内的打药能力，即一个工作日完成打药的面积就是最佳的果园面积。如果采用传统背负式打药，则园区面积不宜超过1hm^2，若采用自动化打药设备，则园区面积可以>5hm^2。

黄龙病疫区种植柑橘，有的地方虽然生态隔离条件较好，但是交通和地势条件较差，不能因为目前经济效益好就随意发展。在劳动力缺乏、劳动成本不断升高的前提下，一定要遵循以上几个条件选择适宜的园地，这样才能采用省力的栽培管理及黄龙病防控技术，有效防控黄龙病为害。

二、园区清园

（一）老果园清园

重建园时，需要根据以下步骤清除园区内原有橘树和九里香等木虱寄主植物（彩插图3-2）。第一，清除时期以冬季至柑橘萌芽前为宜；第二，清除原有橘树前全园喷施防治柑橘木虱的药剂，如10%吡虫啉可湿性粉剂1 000倍液、40%丙溴磷乳油1 000倍液、40%毒死蜱乳油800倍液、99%矿物油200倍液、20%双甲脒乳油1 000倍液等药剂；第三，连根全株挖除原有橘树或者砍除地上部分（桩高度不要超过10cm），然后余留树桩上全面涂上草甘膦或沥青、柴油等，并尽可能盖黑膜。砍或挖除病树的枝梢、叶片和根，以及园区地面上所有植物等，并及时在果园内集中烧毁处理。

（二）新建园区清园

在选择新地方种植芦柑时，若园区内零星分布有柑橘、九里香等木虱寄主植物，需要按照老果园清园方式进行清园，否则直接清除新园区内所有植物即可。

三、园区规划

科学的园区规划不仅可以充分发挥生态优势、提高土壤利用率，而且方便果园管理、发挥栽培技术效果、降低生产成本、提高经济效益。

（一）小区规划

小的果园（1～2hm²）规化好道路系统、整理好种植带（如梯田）和修建好排灌系统即可种植。规模较大的果园必须做好小区规划。规划小区是为了方便管理，小区划分因地制宜、其土壤、地形等环境尽可能一致，以方便果园机械操作。小区面积也以方便管理为原则，小型小区1～2hm²，大型小区可以10～20hm²。大型小区一般在合适位置上建有管理工房和生产资料中转区。

（二）道路规划

道路规划包括主干道、支干道和作业道。道路规划要合理布局、方便运输，占地少、与排灌系统相结合；同时所有道路要无缝连接，确保农用机械在园区内能够无障碍通行。

（1）主干道一般是指园区管理区/中心与外界公路相连的道路，路面一般宽4～6m，允许大货车通行。

（2）支干道是与园区管理区/中心与各小区相连的道路，也是各小区的分界线，路面一般宽3～4m，允许中小型农用货车、农用机械通行。

（3）作业道是果园小区内的田间操作道，有的直接与植株行间相结合。一般宽度1.5～3m，允许各种农用机械通行。

（三）排灌系统规划

无论是山地果园还是缓坡地或平地果园，必须做好排水系统规划，以防止土壤冲刷或植株根系积水。对于经常有干旱威胁的果园，还需要规划好灌溉系统。

排水系统主要分为主沟和支沟。主沟、支沟在不妨碍农用机械操作的前提下，尽量按照园区常年雨水的自然流向开设，充分利用园区天然沟涧把水排出园区。排水系统建设时要充分考虑迅速排水、减缓土壤冲刷的功能，在必要地方设置拦洪沟。

目前在劳动力缺乏、劳动成本增加和水资源紧张的情况下，建议采用滴灌或微喷灌系统。对于地形不好的山地果园，结合灌溉系统，同时建议规划打药和施肥系统，形成"水肥"或"水肥药"一体化系统。灌溉系统、打药和施肥系统建设由专业公司完成，在具体建设过程中，注意管道系统分布不会影响果园清园和农用机械的使用。

 小知识

水肥一体化

水肥一体化是一种将水肥结合在一起的管道灌溉、施肥技术。通过水肥一体化系统可以提高水肥利用效率、减少劳动力投入、提高果园抗旱能力等。水肥一体化有一定的技术要求，比如什么时候灌溉、灌溉多少（时间和水、肥量）、灌溉流程等，对水质、肥量有较高要求，否则容易出现堵管。

（四）生态防护林规划

园区生态防护林规划包括两个方面，一是在不适宜种植芦柑的地区和果园的上风口处等地造林，不仅防止风害，还可以提高空气湿度和土壤含水量，改善果园生态环境。林带以透风性30%左右的疏透林带为好，种植的树种以当地适宜的乔木、灌木为宜。二是每个果园小区周围种植生态防护林（彩插图3-3），以限制木虱迁徙、方便防控黄龙病为害。建议种植杉木等树种，2~4行，三角形或隔行错株种植。在黄龙病疫区防护林建设时注意不能种植芦柑病虫害的共同寄主植物，尤其是九里香等木虱寄主植物，同时要注意防护林与果树之间的距离，减轻防护林对果树光照、肥水的影响。

（五）附属建筑物规划

规范的园区必须要规划相关附属建筑，主要包括办公区、生活区、工具房和仓储物流区等。园区中心主要是办公区和仓储物流区，而生活区、田间管理及工具房等可以规划到各小区的中转区域。

（六）绿肥基地规划

种植芦柑等果树，一方面要经常给果园补充有机质，另一方面要考虑与养殖相结合，以提高果园的经营效益，因此在园区规划中经常包含绿肥基地规划。可以利用果园行间种植绿肥，不仅可以为果园补充有机质、为养殖提供饲料，而且还可以起到控制果园杂草、涵养水源、改善园区内生态环境的作用。绿肥种类以禾本科和豆科类草种为主，选择具体品种时须考虑以下几个方面。

（1）繁殖容易、多年生，方便管理。
（2）适应当地气候、生长快速、生长量大。
（3）浅根系（根系<30cm）、矮干，不与果树争水肥、光照。
（4）有利于芦柑病虫害的天敌繁育生长。

四、苗木种植

（一）种植前准备

种植前的准备主要包括苗木准备、园地整理和土壤改良等。

1. 苗木准备

黄龙病疫区种植的苗木必须是无病毒容器大苗（2龄以上，嫁接口直径>1cm，苗高>1m），因为采用无病毒苗木是黄龙病疫区成功种植的一个重要环节，而且容器大苗、壮苗成活快、生长快、结果早、见效益快。一般当年春季种植，第二年甚至当年就可以开花结果，大大缩短了果园获得效益的时间。由于无病毒苗木繁育专业性强，因此当确定要种植芦柑或清园前后，要及早向具有国家认可的繁育无病毒苗木资质的机构预订无病毒容器大苗。苗木数量与面积和种植密度有关，预定数量一般在计算数量的基础上再增加10%。

2. 园地整理

一旦土地流转到位，要及时利用工程设备归并零散地块和平整土地，将土地上的石块清理到果园小区旁边，作为路基或梯壁材料，达到提高土地质量和利用效率、改善果园生产条件和生态环境的目的。对于坡度大于10°的坡地均应等高修筑简易水平梯田（彩插图3-4），以防止水土流失和方便田间管理。简易水平梯田仅由梯壁和梯面构成，梯面外高内低，有一定倾斜度（1°~2°）。梯田之间尽可能保留部分自然坡面及坡面上的矮小植被。梯壁的高度一般控制在1m以下，最高不宜超过1.5m。梯面宽度至少保证2m以上，否则就应该放弃坡改梯、保留自然植被。为了方便田间农用机械运转，各梯面要与园区支路或作业道相连。

3. 土壤改良

当土地整理完毕，最好在当年秋季对种树区域进行土壤改良，可以采用壕沟改土或作畦改土两种方式。壕沟改土是指开挖宽度1.0~1.5m、深度0.5~1.0m的改土沟，然后底层回填埋入各种杂草、树枝，面层放农家肥、饼肥等改土材料（每株大概50~100kg的绿肥、树枝，或人、畜粪肥50kg左右，或饼肥3~5kg，1.0~2.0kg过磷酸钙、1.0kg左右的石灰）的一种改土方法（彩插图

3-5A）。回填后土壤应高出地面0.3~0.5m。由于壕沟改土位置就是种植果树的位置，因此为了便于田间操作，梯面上开壕沟的位置一般是梯面靠外的1/3处。另外，为了方便田间管理而主张小冠栽培，因此开挖壕沟深度不需要太深（0.5m即可）。作畦改土也称起垄改土，是指将表层土壤添加改土材料后聚拢成畦的一种改土方式。作畦改土主要适合于地下水位较高、容易积水的园区改土。作畦改土时，可以将改土材料均匀散在地面上，然后将垄沟地表30cm左右的土层堆放在畦面上，作畦高度60cm左右即可，畦面宽度一般1.5~2m（彩插图3-5B）。土壤改土工作应在定植前2~3个月完成，有利于土壤沉实和基肥充分腐熟，避免因腐熟过程高温伤根。

（二）苗木定植

1.种植时期

种植时期与苗木的类型有关系。未带土球的裸根苗由于根系损伤严重、定植后一段时间很难从土壤中吸收水分，因此一般宜在春季春梢萌动前或秋季秋梢停止生长后进行。春季栽植气温回升、降雨充分，一般成活力较高。但是由于在根系还没有恢复吸收能力前枝叶就有可能恢复生长，因此很容易造成树势衰弱，年生长量或生长状况不如秋季栽植的苗木。秋季秋梢停止生长后虽然气温开始降低，但是土温还比较高，此时枝叶不生长而根系可以生长，能够及时恢复吸收功能，有利于来年苗木快速生长。容器苗由于定植时根系损伤较小，定植后仍然保持正常水分吸收功能，因此容器苗理论上一年四季均可以定植。考虑到新梢生长与根系生长的相辅相成关系，仍以新梢停止生长后进行定植比较合适。

无论是裸根苗还是容器苗定植，在冬季有低温冻害威胁的地方，尽量不要选择晚秋或冬季栽植，否则宜做好防寒避冻准备。

2.种植密度

种植密度即种植株行距，与土壤理化性质、砧木或品种特性、栽培管理要求等有密切关系。考虑方便田间管理、劳动力缺乏和劳动成本上升等因素，目前果园种植主张宽行密株、小冠栽培模式，因此芦柑种植株行距可以为（1~2）m×（3~4）m，每亩种植80~220株。对于山地梯田，为方便田间操作、降低劳动投入、提高劳动效率，要尽量整成等高梯田，梯面整平、至少2m宽，种植位置一般是梯面靠外的1/3处，株距可以定为1~1.5m，确保梯面里面留出0.5~1m的作业道。

3. 种植技术

定植时，先在定植槽上根据株行距用石灰或腐熟的有机肥打点，用锄头等工具适度拌匀，挖好定植穴（深度和宽度视苗木根系大小或容器苗大小而定）。苗木定植后保持树体水分平衡是确保移栽成活的关键。裸根苗种植时，首先需要对地下和地上部分进行适度修剪，即短截长根系和主根，剪平受伤大根和剪去烂根，去除全部嫩梢，短截部分新梢，剪去大部分叶片，以减少水分蒸发。裸根苗整理好后，放入定植穴，并调整位置使前后苗木在一条线上，随后在扶正苗木的前提下逐步向根系周围回填细碎土壤，边填边轻微上下抖动苗木，使土壤进入空隙，与根系紧密结合。填满定植穴后，用脚从四周向植株方向斜向踏紧土壤，然后做一个直径1m左右的树盘，立即浇透定根水。待定根水全部浸入根系土壤后，再培土至根茎部。为了减少劳力投入，一般在降雨之前定植苗木较好，这样可以减少灌定根水的操作。

容器苗定植相对比较容易。在挖好定植穴后，将从容器中拔出的苗木进行简单整理，即去掉与容器袋接触的营养土，短截露出的主根和少数较长、盘旋状态的长根，然后直接放入定植穴中，培好土，适度踏紧即可。注意覆土高度与原土层面齐平即可。

4. 定植后管理

裸根苗定植后一般需要半个月以上的时间才能成活，即根系才具有从土层中吸收养分和水分的能力。因此定植后一段时间（3d以上）如果天气比较干燥，则每隔2~3d需浇一次水，或者尽快用地布进行树盘覆盖。在高温、强日照地区，还需要用遮阳网遮阴、减少高温和强日照伤害。死亡的苗木要及时补栽。

　　成活的苗木（新梢开始生长），可以经常性地勤施稀薄液肥（腐熟的稀人畜粪水肥、饼肥液或0.5%左右的尿素、复合肥），以促进根系和新梢生长。对于多风地区，需要在苗木旁边立支杆，用薄膜带或其他材料打成"∞"字形绑缚苗木。

第四章

黄龙病疫区芦柑幼年树果园管理

幼年果园主要是指种植后到正式挂果前的果园，一般有1~3年的时间，时间虽短，但需要加强管理。该时期果园管理的主要任务是保持果园健康，促进树体生长和培养合适树体结构，为果园盛果期丰产稳产做准备。

一、春季管理

（一）树体管理

在劳动力缺乏的情况下，幼树春季一般不要求进行过多的树体管理，主要在春季萌芽、新梢生长阶段及时去除主干上萌发的芽或枝就行，保持主干干净且有一定高度。

（二）土壤管理

土壤是芦柑正常生长发育的重要环境因素，优质柑橘丰产土壤指标为：活土层厚度为60cm左右，地下水位在80cm以下，土壤有机质含量在2%以上，pH值为5.5~6.5，土壤肥沃、土质疏松、透气性好。永春芦柑种植多在丘陵山地、土层浅薄、肥力较低，因此需要充分利用幼年果园的行间加强土壤管理。土壤管理目的是增加土壤有机质含量，保护表层土壤，提高通透性，增强保水保肥能力，促进根系生长，提高果树养分和水分的吸收能力。春季的土壤管理主要包括以下两个方面。

1. 树盘清理和覆盖

苗木刚种植1～2年内，根系比较浅，抗旱能力非常弱；同时自身树冠比较小，树盘下面的杂草生长会非常旺盛。杂草的旺盛生长不仅会与苗木根系争水、肥，而且也影响苗木的地上生长空间和生长环境。因此苗木种植以后，要及时清除树盘下的杂草，然后在树盘下覆盖农作物秸秆、杂草、薄膜或黑色地布（彩插图4-1）等，以控制树盘下的杂草生长和减少水分蒸发。利用秸秆或杂草覆盖时，注意离主干留2cm以上的距离，确保根茎部分通风透气。

2. 园间生草

幼年果园行间比较宽，株间也有一定距离，因此可以在春季有计划在空闲位置种植绿肥（彩插图4-2），不仅使园地土壤处于绿色覆盖状态，调节果园小气候，而且可以减少土壤水分蒸发和表层土壤冲刷，同时通过适时深翻压绿，还可以增加土壤有机质、培肥土壤，实现以园养园的目标。

园间生草可以采用自然生草和人工生草两种方式。自然生草就是园间任其生草，随时清除恶性草[深根（>30cm）、直立生长过高（>50cm），如刺儿菜、香附子等]和杂木，通过刈割覆盖人为调节生草量和高度。通过连续拔除恶性杂草，草的自然竞争和多次刈割，最后剩下适合当地自然条件的草种，如马唐、野苜蓿、牛筋草、猫尾草。自然生草的果园土壤可以长年不耕翻。幼年果园人工生草一般实行"园间种草、树盘（直径0.5m以上）清耕或覆盖"的方式，实现树—草—土壤良性循环。人工生草以易于种植、适应性强、鲜草量大、控杂草能力强、矮秆、浅根，有利于天敌滋生繁殖的草种为宜，常见的还是禾本科和豆科类草为主，如禾本科的有百喜草、南非马唐（Premier）、绵毛马唐（CP022）、狗尾草（Narok setaria）、隐花狼尾草（Kikuyu grass）等，豆科类有蔓花生、圆叶决明（Wynn，Q86178），红、白三叶草和箭筈野豌豆等；其他的如藿香蓟等。注意有的草是秋冬种植比较好。

 小知识

果园生草作用

果园生草是对全园或行间生草，不使土壤暴露，每年刈割或常年不刈割的一项土壤管理方法。对于维持土壤基础肥力，改善土壤生态环境具有重要作用。具体作用如下。

第一，提高土壤有机质含量，疏松土壤。长期以来，果园内连年大量使用化肥，造成土壤板结、酸碱失衡、肥力下降、果品质量下滑。一方面草类根系密集，地上部分生长旺盛，含有大量丰富的有机质，翻压后能改善土壤理化性状，提高土壤肥力。另一方面，生草覆盖与果园清耕相比较，土壤物理性状好，土壤疏松易碎，通气良好，透水性好，能保持土壤结构稳定，防止水土流失，有利于蚯蚓繁殖，促进土壤水稳性团粒结构的形成。

第二，改善果园小气候，保持土壤墒情，有利果树根系活动。果园生草改良土壤理化性，减少土壤中的水、肥、气、热的剧烈变化；同时生长旺盛时能覆盖树盘保墒。通过果园生草能够提高早春地温，促使根系较清耕园提早15～30d进入生长期；在炎热夏季降低地表温度，保证果树根系旺盛生长；进入晚秋后，增加土壤温度，延长根系活动1个月左右，对增加树体贮存养分，充实花芽有十分良好的作用；冬季草覆盖在地表，可以减轻冻土层的厚度，提高地温，减轻和预防根系的冻害。

第三，以草控杂草，减少劳力投入。果园生草的草种一般是浅根系、生命力强、生长快、不高、容易繁殖，因此通过生草可以有效控制果园内的恶性杂草；另外果园生草方便使用果园机械。

（三）花果管理

幼年树果园管理的核心是促进树体快速生长，及早形成树冠，而不是结果，提供产量。幼年树果园由于所种植的苗木是无病毒容器大苗，苗木种植1年后春季可能会大量开花，此时应及时彻底疏除树上的花、果，以促进枝梢生长。当然，如果树体生长较快（树高达到2m），种植后第1年可以适当考虑坐果，有一定产量可以缓和树势生长。

除采用人工疏除外，可以采用盛花期和花后1周之内喷施乙烯利（150mg/kg）、花后1周喷施萘乙酸（400～600mg/kg）进行疏花疏果。在种植后第3年开始挂果，此时实现600～1 000kg/亩的产量。

（四）肥水管理

苗木在定植后1个月左右，基本可以确定是否成活，此时根系具备吸收功能，可以开始施肥以促进幼树生长。在春梢萌芽前可以浇施一次液体肥，建议以腐熟有机质肥为主，配合化学肥料，如浇施2～3kg沤熟的30%人畜粪肥+50g高氮低磷型的复合肥（如$N:P_2O_5:K_2O=1:0.3:0.6$）进行促梢；萌芽后，在新梢转绿时再浇施一次液体肥+50g高钾型复合肥（降低N的比率），用于壮梢，或者结合治病虫施药时每次加入0.2%~0.3%的尿素、磷酸二氢钾或其他叶面肥进行喷施，但是要注意肥药相克问题。

有条件可以采用水肥一体化设备施促、壮春梢肥。对于1~3年的幼树，在抽梢前后，每隔3~7d滴肥一次，每次滴肥量每株分别为0.2~0.5g N和K_2O，滴水量和滴灌浓度需要根据当地土壤等情况确定。

注意幼年树整个生长季节虽然需要充足的肥水供应，但是必须遵循"勤施、薄施"原则。

（五）病虫害管理

在春梢萌芽至生长老熟过程，间隔1周左右连续喷药2~3次杀虫、杀菌剂+杀螨剂，防治木虱、红蜘蛛、潜叶蛾、蚜虫、恶性叶甲、凤蝶等害虫，炭疽、疮痂、沙皮病等真菌性病害。

每次选择用药时，尽量选择低毒、广谱的杀菌剂、杀虫剂，如0.5%左右的波尔多液、石硫合剂、阿维菌素、菊酯类、噻虫嗪、吡虫啉可湿性粉剂、毒死蜱乳油、氟啶虫胺腈等；另外螨类很容易产生药物抗性，因此注意要不同杀螨剂交替使用。

二、夏季管理

（一）树体管理

幼年树夏季不需要进行过多的树体管理，除继续去除主干上的分枝外，其他可以任其生长。

（二）肥水管理

在夏梢抽生过程中，叶面喷施0.2%~0.3%的尿素、磷酸二氢钾2~3次。夏季经常会有大雨或台风雨、雷阵雨，注意及时排涝，防止幼树根系发生涝害。

（三）花果管理

幼树期间，彻底疏除树上因春季未疏除干净而长成的幼果。

（四）土壤管理

对于生草较好的果园，可以对长到30cm以上的草进行有计划刈割，然后覆盖在树盘下保墒。

（五）病虫害管理

在新梢抽生和老熟阶段，利用天晴空隙，及时喷2～3次杀虫、杀菌剂+杀螨剂，防治木虱、红蜘蛛、锈壁虱、潜叶蛾、叶甲、蚜虫、凤蝶等害虫，炭疽、疮痂、沙皮病等真菌性病害。用药原则参照春季用药。

三、秋季管理

（一）树体管理

在秋梢抽生前，及时留桩短截骨干枝以外的大枝（直径大于骨干枝的1/3）或徒长枝；重短截树冠内骨干枝背上直立徒长枝。在树冠高度>1.8m时，可以在秋季对直立骨干枝实施拉枝处理，以拉开骨干枝的开张角度，缓和营养生长，促进成花。拉枝角度以65°～75°为宜。

（二）肥水管理

依据春梢促梢肥量，在秋梢抽生前后浇施液体肥或叶面施肥2次，以促进秋梢生长和老熟。除非长久干旱，否则在9月以后不需要进行灌水。为促使大量整齐抽生秋梢，秋梢抽生前可以增加N的用量，而在秋梢老熟期则增加K用量、减少N用量。

（三）土壤管理

对于一些适宜秋冬种植的草种，可以用旋耕机对果园行间进行旋耕，然后撒播草种。

（四）病虫害管理

在秋梢抽生和老熟阶段间隔1周左右连续喷施2～3次杀虫剂+杀

螨剂，防治木虱、潜叶蛾和红蜘蛛等害虫。根据实际情况，确定是否喷施杀菌剂。用药原则参照春季用药，可以考虑啶虫脒杀虫剂。

四、冬季管理

（一）冬季清园

多数病虫害均以菌丝体、分生孢子或虫卵在枯枝、病叶等越冬，因此冬季清园对减轻病虫的发生基数，减少生长季节病虫害的防治压力具有重要作用。冬季清园对黄龙病的综合防控具有重要作用。黄龙病的传播载体主要是木虱，木虱在田间以成虫越冬，翌年春季萌芽时，一般不会产卵。虽然木虱冬季虫口密度低，却是第二年柑橘木虱繁殖、扩散和传播黄龙病的直接来源，而且冬季许多自然天敌处于蛰伏状态，不易被农药伤害，因此利用冬季清园防治柑橘木虱，往往会达到事半功倍的效果，清园要点如下。

（1）在进行其他清园操作前，先全园喷施1次广谱性杀虫、杀菌剂。可以选用25%松脂合剂100倍液、45%晶体石硫合剂200倍液、99%矿物油（绿颖）200～250倍液或10%吡虫啉可湿性粉剂1 000～1 500倍液等，对红蜘蛛发生较重的芦柑园可增选杀螨剂进行清园。

（2）全园清查，挖出黄化植株、衰弱植株，用健康无病毒容器大苗及时替换。

（3）剪除晚秋梢、冬梢、病虫枝和枯枝，集中销毁（深埋或烧毁）。

（4）清除果园园内或树盘下枯枝、杂草，集中销毁。

（5）清理完毕，春季萌芽前再全园喷1次广谱性的杀虫、杀菌药剂。为了灭杀过冬木虱，建议彻底喷施一次灭杀木虱的药。

（二）树体管理

春季萌芽前清园时，去除砧木萌蘖和部位较低（<20cm）的分

枝、病虫枝、晚秋梢和冬梢等，在合适位置对欲培养成主枝或骨干枝（2~4个）的枝条进行中度短截，以刺激生长。

（三）施基肥

定植第2年后，利用冬季清园，在树冠滴水线下的树盘两边各挖深30cm左右的条状沟，株施5kg左右的饼肥或20kg左右腐熟的食草动物粪肥，并将树盘周围、行间绿肥或杂草埋入沟中，然后盖土（要比原土层高10cm以上）。注意工厂化鸡场的鸡粪肥容易导致某些元素超标或毒害，尽量不用。

 小知识

芦柑新梢抽生

芦柑在福建永春等地一年可以多次抽梢，立春至立夏前抽生的新梢称为春梢。春梢数量多而整齐、枝梢短而生长充实。立夏至立秋前抽生的新梢称为夏梢。自然情况下夏梢生长不整齐、发育不充实，但枝条粗长、叶片较大。成年树一般不需要夏梢，需要及时抹除，以免加剧生理落果和加大黄龙病防控力度。立秋至立冬前抽生的枝梢称为秋梢。秋梢抽生的数量仅次于春梢，良好的秋梢多数可以成为翌年优良的结果母枝。立冬后抽生的枝梢称为冬梢。冬梢一般弱小纤细，抽生后会减少树体营养和降低枝梢花芽分化能力，因此要防止抽生，及早抹除。

第五章

黄龙病疫区芦柑结果树果园管理

结果树果园是指可以正常结果，有产量并产生经济效益的果园，分为初结果树果园和盛果树果园。初结果树是指开始结果到正常情况下大量稳定结果之前的树；盛果树则是指大量稳定结果的树。芦柑树结果初期长短跟管理水平密切相关，过去要8～10年，现在2～3年即可达到盛果期。在黄龙病疫区，结果树果园管理的主要任务是维持树体健康，合理以果压梢，平衡营养生长和生殖生长，保证果园丰产、稳产、优质。

一、春季管理

（一）树体管理

只要冬季认真进行了一次树体管理，一般春季的树体管理任务就比较轻松。正常情况下，春季萌芽前再次对成年结果树的树体进行一次修剪，剪除抽生的所有冬梢、病虫枝、交叉枝、过密枝和徒长枝。对于冬季没有控制好的树冠，继续通过中上部回缩控制树冠高度，树冠过大则通过回缩延伸过长的大枝来缩冠。

（二）病虫害管理

春季芦柑萌芽前，气温还比较低，此时许多病虫害还是以菌丝体、卵或成虫（如木虱）的形式在地面、枯枝、病害部位或叶背等地方进行越冬。因此，在春梢萌动之前全园喷施一次广谱杀菌、杀虫剂。若冬季清园时喷施的是石硫合剂，建议春季萌芽前全园彻底喷施一次矿物油。

在春梢萌芽开始及生长老熟过程中，及时监测病虫害发生状况，从萌芽开始，间隔1周左右连续喷药2～3次杀虫、杀菌剂或杀螨剂，以防治木虱、红蜘蛛、蚜虫、恶性叶甲、凤蝶等害虫，炭疽、疮痂、沙皮病等真菌性病害。

在春梢萌动和成熟过程中几次用药，注意交替用药和药剂浓度，以免产生抗性和药害。

（三）肥水管理

如果上一年采果后施好基肥，春季就可以不再施萌芽肥。如果在树体比较衰弱，或劳动力充足的情况下，建议施一次萌芽肥，或者抽梢期间叶面喷施2～3次0.3%的尿素和磷酸二氢钾，目的是提高花质，延迟或减少老叶脱落，促进春梢生长。

采用土施萌芽肥的时间一般在春季萌芽前15d左右（滴灌或开沟灌溉），可以每株浇施5kg左右的30%腐熟的液体有机肥。有滴灌设施的果园，可以在春季抽梢期间每天每株滴1g左右的N和K_2O，间隔5～7d连续滴3～5次即可。

若春季萌芽期发生比较严重的干旱，则注意在萌芽至春梢老熟期间隔7d左右灌一次水，每次单株15L左右，以确保春梢正常抽生。采用滴灌设施，则不需要单独灌水，通过水肥一体即可满足新梢抽生需要。

（四）土壤管理

春季温度逐渐升高，杂草生长比较快。正常芦柑果园的春季管理一般分为两个部分：一是在冬季清园后，树盘下及时覆盖地布；二是刈割行间所种植的草进行树盘覆盖，以控制树盘杂草生长。目前控制杂草的地布种类比较多，建议选用黑色的塑料编织袋型的地布，见彩插图4-1，宽度以1~1.5m为宜。由于除草剂若使用不当，对环境、树体自身根系都有很大的破坏作用，也会危害到人类，因此在果园内建议少用或不用除草剂，采用地布来控制树盘杂草。春季土壤管理的另一部分是在行间生草管理，以改善果园生态环境，土壤质地和提高果园有机质。

 小知识

除草剂

除草剂（herbicide）是指可使杂草彻底地或有选择性地发生枯死的药剂。根据作用方式可以分为选择性除草剂和灭生性除草剂。选择性除草剂对不同种类苗木的抗性程度也不同，此药剂可以杀死杂草，而对苗木无害。如盖草能、氟乐灵、扑草净、西玛津、果尔除草剂等。灭生性除草剂对所有植物都有毒性，只要接触绿色部分，不分苗木和杂草，都会受害或被杀死，如克无踪、五氯酚钠、草甘膦等。根据除草剂在植物体内的移动情况可以将除草剂分为触杀型除草剂、内吸传导型除草剂和综合型除草剂。触杀型除草剂只杀死与药剂接触的部分，起到局部的杀伤作用，植物体内不能传导，因此该类除草剂只能杀死杂草的地上部分，对杂草的地下部分或有地下茎的多年生深根性杂草效果较差，如除草醚、百草枯（目前已禁用）等。内吸传导型除草剂被根系或叶片、芽鞘或茎部吸收后，传导到植物体内，使植物死亡，如草甘膦、扑草净等。综合型除草剂则具有内吸传导、触杀型双重功能，如杀草胺等。根据除草剂的使用方法可以分为茎叶处理剂、土壤处理剂。茎叶处理剂对水后，以细小的雾滴均匀地喷洒在植株上即可，如盖草能、草甘膦等。土壤处理剂则宜均匀喷洒到土壤上形成一定厚度的药层，当杂草种子的幼芽、幼苗及其根系被接触吸收而起到杀草作用，如西玛津、扑草净、氟乐灵等。

除草剂使用有严格的技术要求，使用不当，不仅事关作物生长的安危，同时危及人类自身。不同的作物对除草剂的敏感程度各异，不同的生长发育时期对除草剂的敏感度更不一样，因此使用除草剂时不仅要严格掌握作物对除草剂的敏感性，同时还要严格掌握作物敏感期和施药时期，因此要根据自身需要选择适宜的除草剂种类。另外，除草剂的作用与药量范围、使用方法和环境等密切相关，因此使用除草剂还要严格掌握使用浓度、使用方法。

（五）花果管理

芦柑一般大果售价高、经济效益好，结果树果园春季的花果管理则显得非常重要。大果（直径70mm或75mm以上）的形成与花量、坐果量和肥水管理关系密切。正常情况下，春季花果管理主要是疏花疏果。疏花疏果的量需要根据树体年龄、大小和目标产量来确定。一般情况下，结果初期树花比较少可以少疏花，结果盛期的树花多则多疏一些花；树冠小则少留花，树冠大则多留一些花。单株树最终需要依目标产量确定留花、幼果量。一般结果初期的树每亩产量以1 000~2 000kg为宜，而盛果期的果园则每亩产量以3 000kg为宜。以每亩种植80株计算，则盛果期单株平均产量40kg左右，若平均4~6个芦柑1kg，则单株平均最终留果200个果实左右，以1%的坐果率计算，单株平均留花量约20 000朵花。

目前疏花疏果主要采用人工方式进行，可以分批次进行疏花疏果。在花蕾期，可以结合树体管理剪去花量过多的细弱枝，无叶花枝；在第二次生理落果基本完成后，再根据果量进行疏果，主要疏除病虫果、畸形果、密生果和小果，保证坐果分布基本均匀、坐果量满足目标产量要求。

小知识

柑橘的生理落花落果

柑橘从开花到坐果和果实成熟，一般有3次生理落花落果，最终的坐果率为2%~5%。第1次为生理落花，主要原因是因为花器官发育不良所致；第2次为落小果，带果柄落，主要原因是由于授粉受精不良所致，通过改善授粉受精条件可以减少落果量；第3次落果不带果柄落，主要原因是因为营养不良所致，因此通过提高树体养分是可以减少本次落果的。

据1985年和1986年在永春天马柑橘场对不同海拔盛产期芦柑坐果率统计结果，坐果率1.28%~6.80%，平均为3.95%。芦柑的落花落果从花蕾期已开始，直到结成小果后还不断地脱落，具体分为落蕾、落花、第一次生理落果和第二次生理落果。正常情况下，永春芦柑4月下旬至5月上旬谢花后开始第一次生理落果，持续时间20~25d；第二次生理落果5月中旬至5月下旬开始，6月下旬至7月初结束，历时30～40d。7月以后至采果前有时也会发生落果，此时主要是由于管理不善导致裂果或发生严重病虫害，如吸果夜蛾、炭疽病等为害引起落果，严重的夏秋干旱或暴风雨也会造成大量采前落果。

二、夏季管理

5—7月是柑橘夏梢生长期，也是坐果、稳果的关键时期。此时空气湿度大、温度高，也是病虫害暴发的关键时期，因此必须重视夏季管理。夏季管理主要围绕控夏梢、促秋梢，保花保果和病虫害防治几个方面进行。

（一）树体管理

夏季树体管理主要是控制夏梢，促发整齐秋梢。如果不控制夏梢而任其生长，不仅诱发严重的生理落果，也会容易暴发重大病虫害，如黄龙病、溃疡病、潜叶蛾、蚜虫等。当树势中庸，仅少量发生夏梢时，可以人工及时进行抹除，直到7月底。当比较旺的树抽生一些夏梢（<100枝/株），在控制好木虱情况下，可以任其生长。虽然市面上有一些商用杀梢剂（一些除草剂或生长调节剂），但由于使用条件严格且易产生药害等，因此一般不建议使用杀梢剂进行控制夏梢。建议采用合理的栽培措施，如控水控肥和增加产量等来控制夏梢生长。

在施完壮果肥后，7月下旬至8月初疏除少量抽生的夏梢，对少部分营养枝进行短截，以促发整齐秋梢，为翌年培养优良的秋梢结果母枝。

 小知识

结果枝、结果母枝和营养枝

枝梢按其性质可以分为结果枝、结果母枝和营养枝。结果枝是指着生花果的枝条，可以分为有叶顶花枝、无叶顶花枝、有叶花序枝、无叶花序枝、腋花枝。芦柑的结果枝一般是有叶顶花枝。结果母枝是指着生结果枝的枝条，芦柑当年抽生的春梢、夏梢、秋梢只要健壮充实，均有可能完成花芽分化成为结果母枝。结果母枝一般是春梢或秋梢。营养枝是指当年萌发不开花结果的枝梢。良好的营养枝可以成为翌年的结果母枝。结果枝和营养枝是指当年萌发抽生的枝条，结果母枝一般是去年抽生的枝条。

（二）肥水管理

夏季是果实坐果并进入膨大期的关键时期，因此夏季在第2次生理落果期间或完成之后1周之内，必须施壮果肥。壮果肥的用量与肥料类型、目标产量等有密切关系。一般情况下，可参照每100kg果实施0.20kg N＋0.02kg P_2O_5＋0.2kg K_2O＋0.05kg Ca＋0.02kg Mg的标准进行施肥，同时每株增施5kg左右腐熟的有机肥；或者根据多年施肥经验进行施肥，如单株施1kg复合肥（45%）＋10kg农家腐熟有机肥或2kg左右饼肥＋0.5kg左右过磷酸钙。土施可以在7月中旬在树冠滴水线处开沟断根施肥。滴灌施肥则需要根据当地土壤情况在进行试验的基础上确定操作规程。

夏季雨水较多，一般不需要特意进行灌溉，相反要注意及时排水，注意涝灾。一旦发生涝灾，在降雨停止后，要及时开沟排水，

对土壤和树体彻底喷施一次广谱性的杀菌剂，对叶面喷施1~2次叶面肥。

（三）花果管理

夏季是花果管理的重要时期。其一，对于花较少的果树，花期至幼果期喷施2次药剂，主要成分是赤霉素（920）、硼砂、尿素和磷酸二氢钾，浓度分别为25~50mg/kg、0.5g/kg、2g/kg和2g/kg；其二，通过断根、控肥（低N）、控水，抑制夏梢生长，防止因过量夏梢生长导致落果加剧；其三，及时防治病虫害，减少因病虫害导致落果增加。虽然环剥可以促进坐果、增加产量，在正常情况下，除多年不结果、营养生长旺盛的树外，不提倡采取环剥保果，因为环剥不当很容易导致树体早衰、抵抗力下降，同时也需要大量的劳动投入。

花果过多，将过多消耗树体营养，不但果实偏小、影响果实质量，而且很容易影响枝梢花芽分化，形成大小年，因此需要进行疏花疏果。疏花疏果可以采用人工或化学疏果。化学疏果要求比较严谨，芦柑一般在盛花期叶面喷施1~2个波尔度的石硫合剂，或100~150mg/kg的乙烯利，或在盛花后期喷施400~600mg/kg萘乙酸等，可以部分疏除一些质量差的花或幼果。另外，也可以通过延迟1~2周施壮果肥加大第2次生理落果量达到疏果目的。

（四）病虫害管理

夏季温度升高、雨水充足，此时已经坐果，同时零星抽生一些夏梢等。病虫害的管理核心还是防控木虱、红蜘蛛、锈壁虱、潜叶蛾、蚜虫、凤蝶等虫或螨类为害，以及溃疡、炭疽、疮痂和沙皮病等真菌病害。雨后要根据病情喷施1~2次对应的杀菌剂，而晴天要根据虫情喷施对应的杀虫剂；对于零星抽生夏梢可以在喷施杀木虱药剂的基础上及时进行抹除。用药原则参照春季用药。

（五）土壤管理

夏季是草生长茂密的季节，行间生草只要不影响树体光照，可以任其生长，在7月底雨季结束时，刈割草覆盖树盘保墒。

三、秋季管理

（一）树体管理

正常情况下，秋季基本上不需要进行树体管理，对于徒长性枝梢进行适度拉枝（65°~70°），而早期零星抽生的晚夏梢、早秋梢等，及早进行抹除，以促发抽生整齐的秋梢结果母枝。后期零星抽生的晚秋梢等，亦及早抹除。

（二）肥水管理

在夏季施好壮果肥后，秋季一般不需要再施肥。如果果实膨大期比较干旱，则需要及时进行灌溉，以防果实偏小。如雨水过多，则要及时排水。

在芦柑采果前1个月左右可以开沟（沟深>30cm）施有机肥，每株施5~10kg的优质有机肥+1kg左右的钙镁磷。此时开沟起到断根控水作用，有利于结果母枝的花芽分化；另外温度还比较合适，有利于有机肥熟化和根系恢复，促进翌年的开花坐果。

（三）病虫害管理

秋季是果实成熟的季节，芦柑主要是以有叶顶花枝结果为主，在高温干旱季节注意防日灼危害。

 小知识

柑橘日灼发生原因和防护

柑橘日灼是一种生理性病害，主要发生在7—9月中午和下午，当连续高温干旱、土壤缺水时，柑橘长时间受到阳光直射，局部温度会急剧上升，当超过40℃时，叶片的叶绿素便逐步分解，叶色变淡或发黄，雨后会大量落叶。果实受害部初期呈灰青色，后为黄褐色，果皮生长停滞，粗糙变厚，严重影响果品的质量。受害的柑橘枝干表皮变黄、变红，出现龟裂现象，直至皮层组织坏死。

要防止柑橘日灼病，一是要加强肥水管理。进入7月高温干旱期，应及时灌水，满足柑橘对水分的需求；同时结合施壮果或促梢肥，配合施用磷、钾复合肥，不仅能减轻日灼发生，还可以促进果实的着色。二是树盘覆盖，保湿降温。夏季在树盘根系密集处，铺10cm左右的鲜草或秸秆等覆盖物，有利于保湿降温，促进根系活动，确保正常的肥水吸收功能。三是可以用石灰水喷果。清晨或傍晚温度较低时，可用1%～2%的石灰水喷洒向阳的外围果实和叶面，增强反射强光能力，以降低表面温度，减轻日灼危害。注意石灰水的浓度不能太高，以免发生药害。四是枝干涂白。用涂白剂（生石灰10份、食盐1份、动物油0.2份、水40份）在暴露的枝干上涂2～3次（保证枝干上一直是白色），可以有效降低暴露枝干表面温度（据试验观察，刷涂白剂的树枝在高温时比未涂白的树枝温度可降低10℃左右），减少日灼危害。另外在果面贴白纸或果实套袋等均能有效地防止果实表面的灼伤。

芦柑秋季是果实成熟以及秋梢抽生时期，因此需要继续加强叶片和果面相关病虫害防控工作，主要是木虱、红蜘蛛、锈壁虱、蚜虫、潜叶蛾、凤蝶等虫或螨类危害，以及炭疽、溃疡等病害。根据病情及时喷施对应药剂。不过无论有无发现木虱，在黄龙病疫区秋梢抽生至老熟阶段，仍然需要喷2~3次灭杀木虱（若虫和成虫）的药剂。

四、冬季管理

冬季除非特别干旱需要适当灌溉外，农事管理核心是清园，主要包括以下两个方面。

（一）树体管理

采果后、春季萌芽前，剪除所有晚秋梢和冬梢，病虫枝、枯枝等，去掉主干上低位的下垂枝、树冠内过密枝；采用大枝回缩技术回缩过高的大枝、过长的枝条，以控制树冠高度和冠幅。

（二）病虫害管理

虽然冬季基本上不会发生很严重的病虫害，但是利用冬季休闲时间加强病虫害管理对减轻整个生长季节的病虫害防控压力具有重要作用。多数病虫害在冬季均以菌丝体、分生孢子或虫卵在枯枝、病叶等越冬，而柑橘黄龙病的传播载体木虱则以成虫在叶背越冬，所以此时喷药对病虫害防治往往会达到事半功倍的效果。冬季采果后可以先全园喷施1次广谱性杀虫、杀菌剂，如选用25%松脂合剂100倍液、45%晶体石硫合剂200倍液或99%矿物油200~250倍液+10%吡虫啉可湿性粉剂1 000~1 500倍液等杀虫剂，然后在春季萌芽前再全园喷施1次广谱性杀虫、杀菌剂。注意两次药剂要有区别，对红蜘蛛发生较重的芦柑园可增选杀螨剂进行清园。

对于表现出明显黄龙病症状的植株，此时要及时清除、烧毁。清除前先喷施灭杀木虱的药剂。清除完毕后，可以补种健康的容器大苗（只要能成活，越大越好）。

第六章

黄龙病疫区芦柑老果园管理

永春作为芦柑老产区，一方面多数果园树龄超过15年以上，树冠郁密、高大，已不适合现代省力化栽培要求。另一方面，有些果园超过30年以上，产量明显下降、骨干枝尖端开始枯死、树体内枯枝逐渐增多、花多、果小等，树体进入衰老期。无论哪种类型的老果园，在没有受到黄龙病为害的情况下，可以有步骤进行改造或更新，以适应现代果园省力和优质需要，延长果园经济寿命。

一、老果园改造

老果园改造是指通过一系列的农业技术措施，对果园土壤、树体结构、果园密度和园内基本设施方面进行适度改造或改良，以达到方便田间管理，提高劳动效率、产量和品质，最终提高果园经济效益的目的。改造时期一般在采果后到春季萌芽前，最晚不超过4月底、夏梢萌发之前。

（一）改造对象

改造对象为树龄在30年之内、果园郁密（行距<4m），树体高大（树高>4m，冠径>3m）、正常结果，根部和主干无严重病虫为害的果园。

（二）密度改造

老的芦柑果园的株行距是（1~3）m×（2~4）m。现代省力化栽培果园，要求是宽行密株矮冠，果园的行距要求≥4m，株距在1~3m。较宽的行距可以保证机械作业，因此对于行距<3m的果园，行间要求隔行去掉一棵，将行距扩大1倍。由于现代果园省力栽培管理的一个理念是单行管理，即以一行而不是一株作为管理对象，因此株间要适当密点，确保整行变成一个整体，中间没有较大空隙。除非株间≥3m、需要株间进行补栽外，否则株间一般不需要进行特别处理。

（三）树体改造

通过树体改造，减少骨干枝数量，简化树形，同时降低树冠，缩小冠幅，达到方便管理、改善通风透光条件、实现立体结果、丰产优质的目的。芦柑改造后良好的树体结构是：骨干枝2~4个、开张，冠高和冠径控制在250cm左右，离地50cm左右的主干没有多余的裙枝。具体改造步骤如下。

1.去骨干枝

选择方位较好、分布均匀、角度开张的2~4个骨干枝作为永久骨干枝，从基部去掉其他多余的骨干枝，然后留桩（<10cm）疏除永久骨干枝上直立的大枝。

2."掐头""去尾"

"掐头"是指在中下部回缩超过250cm以上的大枝，树冠高度控制在250cm之内。"去尾"是指去掉离地面50cm内的下垂枝或其他裙枝。

3. 缩冠、疏冠

当冠幅超过250cm时，在超过250cm冠幅的大枝中下部适当位置进行回缩，将树冠冠幅控制在250cm之内，然后疏除树冠内过密枝、细弱枝、病虫枝、枯枝等，使树体通风透光。

树体改造前注意加强病虫害防控，尤其需要全园喷施灭杀木虱的药剂。树体改造完成，继续全园喷施一次广谱的杀虫、杀菌剂，如石硫合剂/松脂合剂；对于暴露骨干枝要刷白处理，大的伤口（直径>3cm）用凡士林或黄油等进行涂抹保护。

（四）果园基础设施改造和配套

为了便于省力化管理，老果园在密度和树体改造后，还需要对果园基础设施进行改造和配套，主要涉及果园道路、水肥药一体化系统等。

1. 果园道路改造

果园道路改造主要包括两个方面：一方面是完善和拓宽果园内小区之间的道路，确保小区之间有3m以上宽的道路相连，方便运输车和农用机械进入各小区；另一方面是改善园区内作业道，确保园区内作业道宽1.5～2m，相互贯通，并且与园区间道路无缝连接，方便农用机械在园区应用。

2. 水肥药一体化系统配套

对于山地果园，由于果园立地环境恶劣，因此很难使用农用机械进行施肥、打药等，需要配置管道灌溉、施肥和管道打药系统，这样可以大大提高施肥、灌溉和打药效率，有利于病虫害，尤其是木虱的防控。

二、衰老树更新、复壮

（一）更新时期和方法

衰老树更新在整个春季均可以进行，一般在春季萌芽前1周左右进行有利于恢复树势。目前更新方法有许多，而直接采用露骨更新+根系更新的方法比较有利于树势快速更新复壮。

1. 地上部分的露骨更新

选择好3~5个位置和开张角度好、均匀分布的健康骨干枝，疏除其他多余骨干枝，然后将骨干枝上多年生枝进行留桩（<10cm）疏除，骨干枝高度控制在2m之内，其上的小枝条任其生长。

2. 开沟断根

地上部分更新完毕后，要及时进行根系更新。在树冠外围滴水线处开深>40cm左右的沟（宽度>20cm），把腐烂和衰退的根剪除，暴晒1~2d后，施上腐熟优质有机肥，如饼肥（株施5kg左右）或腐熟的堆肥或绿肥（株施20kg左右），以及钙镁磷肥（株施2kg）等，可以起到改良土壤、促进新根大量发生的作用。

3. 清园和伤口保护

在更新前后全园分别喷施一次广谱性的杀虫、杀菌剂，如石硫合剂/松脂合剂、矿物油等，并加喷一次灭杀木虱的药剂。暴露的骨干枝需要进行刷白处理，大的伤口用凡士林或黄油涂抹保护。

4. 果园改造

衰老树更新后，参照老果园改造方式对衰老树园进行改造，以适应现代果园省力栽培需要。

（二）复壮管理

衰老树更新后，需要细心管理，使其快速恢复，及早结果。因此在进入结果前的管理主要是前期促其快速进行营养生长，形成树冠，后期培养结果母枝，促使翌年开花结果。管理操作与幼年树的管理相似。

1. 土壤管理

主要包括树盘清理、覆盖和行间生草等几个方面。衰老树更新后要及时清除树盘下的杂草，然后在树盘下覆盖农作物秸秆、杂草、薄膜或黑色地布等，以控制树盘下的杂草生长和减少水分蒸发，维持根系土壤环境稳定，提高根系吸收活力。在生长期间，利用果园行间空隙种植绿肥，实现有机质以园养园目标。

2. 肥水管理

参照幼年果园的肥水管理，在春梢和秋梢抽生时期进行适量灌溉和施肥。此时的肥量可以参照幼树促梢用量。

3. 树体管理

树体露骨更新后，树体在春梢生长的基础上往往会继续长夏梢或秋梢，为了确保翌年开花坐果，可以在早秋梢萌发前半个月左右，对已经抽生的新梢进行留桩（10~20cm）短截，以整齐促发秋梢。同时去除主干上离地面50cm内抽生的萌蘖或小枝，及时处理剪口处的徒长枝（扭枝、摘心或短截、疏除）。

4. 病虫害管理

复壮过程中只有新梢生长，因此复壮过程中主要是围绕新梢、叶相关的病虫害防控，此时可参照幼树新梢的病虫害管理，重点加强炭疽、溃疡、木虱、红蜘蛛、蚜虫和潜叶蛾等病虫害的防控，保护好新梢，控制黄龙病传播。

第七章

黄龙病防控关键点和周年管理历

一、黄龙病防控关键点

在正确识别黄龙病症状基础上，成功防控黄龙病需要系统考虑以下4个关键点。

（一）采用无病毒容器大苗

存在病源和传播媒介——木虱是黄龙病为害橘园的两个必要条件。柑橘黄龙病病原已确定是一种限于韧皮部、需复杂营养的革兰氏阴性杆菌（Bové，2006）。特定橘园中的柑橘黄龙病病菌主要来源于带病苗木或接穗，或者带菌柑橘木虱的取食感染（程春振等，2013）。因此新建园采用无病毒苗是降低橘园病源和黄龙病为害风险的一个关键点。由于幼苗到开始坐果需要较长时间，如果能够采用无病毒容器大苗（2龄以上，株高>1m），当年种植第2年即可坐果，这样可以大幅度减少幼苗生长过程中黄龙病为害防控难度和降低黄龙病为害风险。

（二）仔细清理园区

及时仔细清理园区是减少橘园中病源的另一个关键点。采用无病毒苗木并不能保证果园不会感染黄龙病病菌。无病毒苗只能保证橘园起始环境干净，但是园中病源还是可能来自于带病木虱的取食感染，因此需要经常仔细清理园区，具体包括新建园病树清除、经常巡查果园并及时清除病树和冬季园区清理三个方面。

新建园或重建园，一定要先彻底清除园区内所有柑橘树（包括病树）或木虱的寄主植物，如九里香等。清除时期最好在春季萌芽之前，清除之前全园喷施杀木虱成虫的药剂（如菊酯类等广谱性农药），砍除的病树在园内集中烧毁，树桩涂抹草甘膦原液或沥青、柴油等，防止新梢萌发。

在果园日常管理过程中，要经常巡查果园，发现黄龙病典型识别症状的（疑似）病株要及时挖除、烧毁，随后补栽无病毒容器大苗，确保果园完整、健康（将果园发病树控制在5%以内）。无病毒容器大苗贮备在果园边缘相对隔离的简易防虫网室内，贮备5%的果园种植总株数即可。

果实采果后到翌年春梢萌发前，正常的果园管理需要进行冬季清园活动。此时可以结合清园，全园仔细喷施杀木虱的药剂，随后剪除和烧毁晚秋梢和冬梢。

（三）建立生态隔离系统

木虱是园区内传播黄龙病病菌的主要媒介，不同树之间黄龙病菌主要通过木虱成虫、若虫取食来传播（Grafton-Cardwell et al, 2013）。黄龙病的流行与木虱的分布密切相关，园区内木虱在100~200m的近距离较易扩散，成虫可飞7m高，并随台风或强对流天气迁移可达千米以上，但是高海拔生态因素可以限制木虱的扩散（谢钟琛等，2009；Grafton-Cardwell et al，2013）。因此利用或建立良好的生态隔离系统，可以有效阻断或延缓木虱的扩散，也是成功防控黄龙病传播的一个关键措施。

生态隔离系统包括两个方面，即园区生态隔离和园内小区的生态隔离。园区生态隔离是指新建或重建园环境相对独立，有高山隔离或有1 000m以上的生态林带隔离，其内无其他柑橘园或九里香等柑橘木虱寄主植物。园区内小区生态隔离是将果园划分为不同种植小区（约3 000m²），每个小区周边种植2~4排杉木等非木虱寄主、直立且分枝较密的植物，作生态防护林，以限制木虱迁徙。

（四）干净捕杀木虱

柑橘木虱是柑橘植株之间黄龙病病菌传播的主要媒介（Grafton-Cardwell et al，2013）。多数地区，柑橘木虱以成虫在叶背越冬，基本上不迁徙。当气温上升到18℃以上，木虱成虫就会在嫩梢上取食，雌成虫在交配1d后就开始产卵，2~4d后卵很快就孵化为若虫，若虫经过11~40d就会变成成虫（吴定尧，1980；Grafton-Cardwell et al，2013）。成虫和若虫聚集在嫩梢上取食：一方面带毒成虫通过取食，会将黄龙病细菌传给健康植株；另一方面若虫通过取食带病嫩梢，体内病菌相对浓度就会迅速增加，成为带毒若虫，带毒若虫变为成虫后则扩散到其他嫩梢上取食，通过传毒为害其他新梢。如果在生长季节园内不停有新梢抽生，木虱就能够不断在嫩梢上产卵并孵化出若虫，产生世代重叠现象，不仅造成果园内木虱种群迅速扩大，同时通过多次循环取食，使黄龙病传播加快，5~10年就可毁灭橘园（Gottwald et al，2007）。在没有冬梢和冬季温度较低地区，木虱就会以成虫形态在叶背越冬。

木虱在传播黄龙病病菌过程中（图7-1）表现出两个明显特征：一是木虱冬季主要是以成虫在叶背过冬、基本上不会活动；二是木虱成虫喜欢在叶腋和小于2cm的嫩梢上产卵，木虱成虫和若虫基本上只能在嫩芽、嫩梢上取食（吴定尧，1980；Grafton-Cardwell et al，2013；谢秀挺等，2016）。因此，要想成功捕杀木虱，必须抓住两个关键时期，即采果后到翌年春梢萌芽前、新梢抽生期。在这两个时期喷药捕杀木虱，尤其是结合冬季清园捕杀木虱，往往可以事半功倍（陈贵峰等，2010）。另外，木虱成虫和若虫一旦带毒则可终生传毒，在健康植株嫩梢上刺吸5h或24h后，就可将病菌传给健康植株（Gottwald et al, 2007），因此捕杀木虱必须干净彻底，不能心存侥幸。为了达到该目的，在抓住两个关键时期的基础上，我们还必须采用两个关键技术，即高效的喷药技术和可靠的控梢技术。高效的喷药技术不仅需要有高效的喷药设备，如风送式喷药机械，确保良好的雾化杀虫效果和短时间内能够完成园区喷药作业，同时还需要规范的株行距（窄株宽行）以及合适的树形（如扁圆形和主干形），以方便喷药设备通行，提高喷药效率和效果。

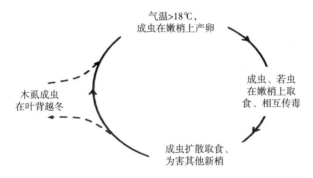

图7-1 木虱田间传播黄龙病菌过程

在我国南方（如广东、广西壮族自治区、赣南等地）的柑橘产区，由于气候适宜、雨水充足等因素，生长季节可以连续不断抽生新梢，一年有4~6次。如果没有合理的控梢技术，那么柑橘生长季节基本上不能停止喷施杀木虱的药剂，这不仅造成很大的环境污染，而且也很难捕杀干净木虱，导致黄龙病为害防控失败。过去采用人工抹夏梢或杀梢剂等手段来控夏梢，促整齐抽生秋梢等措施（李志强等，2006），虽然技术上可行，但是在劳动力缺乏、杀梢剂存在不良副作用的情况下，这些控梢技术却没办法在规模种植上应用推广。事实上，可靠的控梢技术可以通过产量、控肥和控水三结合来实现。温州蜜柑交替结果生产年通过大量结果、选择合适的肥料（低氮高钾+有机肥）和适当的用量，以及通过树冠下覆地布控水等措施，可以确保整齐抽生春梢，有效控制夏梢甚至秋梢抽生（刘永忠，2015）。在江西、浙江和广西等地不同柑橘品种的产区，随时可以发现一些植株没有或者很少抽生夏梢、秋梢的现象。这些事例说明其他柑橘品种通过产量、肥水控制的合理结合，可以形成可靠的控梢技术。如果能够做到橘园一年整齐只抽1～2次新梢（春梢和秋梢），那么结合高效的喷药技术，完全可以做到干净彻底捕杀园区木虱，成功防控黄龙病病菌的传播。

目前，许多柑橘生产者谈黄龙病就色变，黄龙病很容易感染健康橘树，会对柑橘产业造成毁灭性伤害，且迄今为止还没有有效的药剂可治疗，所以也把黄龙病称为柑橘"癌症"。事实上，黄龙病更像柑橘上的"艾滋病"，虽目前不可治，但是可防、可控。有效防控柑橘黄龙病核心在于减少/清除病源和切断传播途径（图7-2）。在黄龙病为害防控4个关键点中，清理园区和采用无病毒苗木是减少/清除病源的两个关键措施，园区生态隔离和捕杀木虱是切断传播途径的两个关键点，而抓住两个关键时期和采用两个关键技术是彻底捕杀木虱的关键。

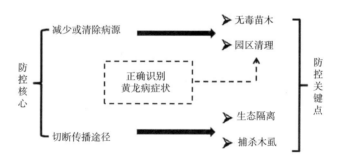

图 7-2　黄龙病为害防控关键点

二、黄龙病防控周年管理历

黄龙病作为世界范围内柑橘生产上毁灭性病害，目前仍然缺少有效的治疗手段。但是只要采用系统控制观点，注重黄龙病防控的关键时期，周年重视，就可以有效控制住黄龙病为害传播，实现柑橘安全生产的目标。

柑橘木虱在永春县一年发生6～7代，有世代重叠现象。越冬成虫一般在3月下旬新抽生春梢的嫩叶上开始大量产卵繁殖，4月上旬孵化成若虫，4月下旬羽化成第1代成虫；6月上旬第1代成虫在新抽生夏梢的嫩叶上产卵，并于中旬左右羽化，至下旬羽化成第2代成虫；第2代成虫在7月下旬新抽生秋梢嫩叶上产卵，并于8月上旬左右孵化，至中旬羽化成第3代成虫；第4代于8月中旬产卵、下旬羽化；第5代于8月底产卵、9月中旬羽化；第6代于9月中旬产卵、10月上旬羽化；第7代于10月初产卵、10月下旬羽化。因此永春芦柑黄龙病的周年防控必须与芦柑的物候期、柑橘木虱的发生规律相结合，这样才能做到有的放矢、经济有效。

（一）11月下旬至2月中旬

此段时间在永春主要是果实采收时期和果树的花芽分化期。果实采收后到2月中旬果树萌芽前这段时间是防控木虱的关键时期。这段时间由于缺少新梢，也是一年温度最低的时候，木虱主要以成虫形态栖息在枝梢上部叶背处过冬，迁徙能力非常弱。此时期结合冬季清园用药捕杀木虱，对降低园中带毒木虱病源基数具有非常重要的作用，具体措施如下。

（1）采果后1个月内，全园喷施一次捕杀木虱成虫的药剂，如甲氰菊酯+三唑磷，随即剪除晚秋梢和冬梢、病残枝、挖除病树等，集中进行烧毁。

（2）在冬梢、病树等处理完毕后，全园再喷施一次石硫合剂（45%的结晶150～300倍液）。

（3）萌芽前1周左右，全园喷施一次松脂合剂（10～25倍液）或矿物油（50～200倍液）。

（二）2月下旬至4月下旬

此时间是春梢抽生期和开花期。春梢抽生的时间与春季气温回升的时间呈正相关。永春芦柑在早春平均气温回升到8～10℃时，就进入春芽萌动期。不过由于早春气温不稳定、波动大，春芽萌动生长时间较长，可以持续50多天。当日均气温达到15℃后，芦柑就开始现蕾、开花。在永春，现蕾和开花一般在3月中旬到4月下旬，持续1个月左右。

若冬末初春阶段木虱防控或冬季清园做得到位，加上初春温度偏低，此时病虫害比较少，园中的木虱多数是从其他地方迁徙进来的。因此在春季萌芽到开花初期可以根据天气情况和木虱虫情状况喷施1～3次杀木虱药剂，如10%吡虫啉可湿性粉剂1 000倍液、25%噻虫嗪悬浮剂3 000～4 000倍液，或99%矿物油200倍液等，注意交替使用。

（三）5月上旬至6月下旬

此时芦柑主要处在果实坐果期与夏梢抽生期。在肥水控制和保持合适产量的情况下，一般不会抽生夏梢或少量抽生夏梢。此时针对黄龙病木虱控制采取的措施如下。

（1）及时抹除少量抽生的夏梢，抑制夏梢抽发。

（2）结合蚜虫和潜叶蛾等虫害控制，喷施1～2次杀虫剂，如除虫菊酯类、阿维菌素或矿物油等，达到捕杀木虱的目的。

另外，此时要加强果实相关的病虫害，如溃疡病、疮痂病的防治。对于幼树，则需要刺激抽生夏梢。在夏梢抽生到老熟期间，需要喷施2～3次捕杀木虱的药剂，同时考虑潜叶蛾、蚜虫、实蝇和螨类，以及疮痂、炭疽、溃疡等病害的防治，保护好夏梢。

（四）7月上旬至9月下旬

此时芦柑主要处在果实膨大期和秋梢抽生期。对于管理好的盛果树，可以通过肥水控制（适量低氮高钾壮果肥、覆地布避雨）让芦柑不抽生秋梢。一般管理水平下，都会抽生比较整齐的秋梢。此时针对黄龙病木虱控制采取的措施如下。

（1）在秋梢萌芽初期喷施2～3次捕杀木虱的药剂。

（2）在抽梢中后期喷施0.3%的优质钾肥，促进秋梢老熟。

（3）加强潜叶蛾、介壳虫、螨类、锈壁虱、炭疽、溃疡等病虫害防治。

（五）10月上旬至11月中旬

此时芦柑主要处在果实成熟期。一般情况下秋梢已经老熟，光照较好、雨水较少，在正常管理情况下，病虫害防治任务比较轻松，基本上不需要进行化学防治处理。

但若天气异常、肥水管理不当和随意进行树体管理，就很容抽生晚秋梢和冬梢，因此此阶段还是需要注意加强管理（开沟断根施2~5kg饼肥+适量秸秆或杂草等，避水控水，不乱动剪刀短截枝梢），避免大量抽生晚秋梢和冬梢。对于少量抽生的晚秋梢和冬梢，及时喷施1次杀木虱药剂和抹除晚秋梢等。

主要参考文献

陈贵峰，邓明学，唐明丽，等.2010.柑桔木虱越冬成虫冬春季种群数量动态观察[J].中国南方果树，39（4）：36-38.

程春振，曾继吾，钟云，等. 2013. 柑橘黄龙病研究进展[J]. 园艺学报，40（9）：1 656-1 668.

邓晓玲，梁志惠，唐维文.1999. 快速检测柑橘黄龙病菌的研究[J]. 华南农业大学学报，20（1）：1-4.

邓秀新，彭抒昂.2013.柑橘学[M].北京：中国农业出版社.

丁芳，洪霓，钟云，等. 2008. 中国柑橘黄龙病病原16S rDNA序列研究[J].园艺学报（5）：649-654.

范国成，刘波，吴如健，等. 2009. 中国柑橘黄龙病研究30年[J]. 福建农业学报，24（2）：183-190.

福建省人民政府农业办公室，农业局. 2000.中国永春芦柑栽培[M].北京：中国农业出版社.

郭俊，岑伊静，王自然，等. 2012.柚喀木虱的形态、生物学特性及发生规律研究[J].华南农业大学学报（4）：475-479.

李韬，柯冲.2002.应用Nested-PCR技术检测柑橘木虱及其寄主九里香的柑橘黄龙病带菌率[J].植物保护学报，29（1）：31-35

李雪燕，项宇，胡文召. 2011.中国柑橘黄龙病发生情况及防治现状[J].中国植保导刊（4）：14-16.

李志强，邱燕萍，陈洁珍，等. 2006.杀除柑桔夏梢的化学药剂筛选试验初报[J].广东农业科学（3）：17-18.

廖晓兰，朱水芳，赵文军，等.2004.柑橘黄龙病病原16SrDNA克隆、测序

及实时荧光PCR检测方法的建立[J]. 农业生物技术学报，12（1）：80-85

林孔湘.1956.柑橘黄梢（黄龙）病研究[J]. 植物病理学报，2（1）：1-12

刘永忠.2015.柑橘提质增效核心技术研究与应用[M]. 北京：中国农业科学技术出版社.

吴定尧.1980.柑桔木虱的习性与黄龙病发生的关系[J]. 中国柑桔（2）：33-34.

谢秀挺，刘卫东，彭龙，等. 2016.柑桔木虱成虫产卵习性研究[J]. 中国南方果树，5，4（2）：69-71.

谢钟琛，李健，施清，等. 2009.福建省柑橘黄龙病危害及其流行规律研究[J]. 中国农业科学，42：3 888-3 897.

许美容，陈燕玲，邓晓玲. 2016.柑橘黄龙病症状与"Candidatus Liberibacter asiaticus" PCR检测结果的相关性分析[J]. 植物病理学报（3）：367-373.

尹欣幸，帕热达木·依米尔，宋瑞琴，等. 2015.乙烯利和萘乙酸对温州蜜柑疏花疏果的影响[J]. 中国南方果树，44（5）：34-36.

Arakawa K，Miyamoto K. 2007.Flight ability of Asiatic citrus psyllid，Diaphorina citri Kuwayama（Homoptera：Psyllidae），measured by a flight mill[J]. Res. Bull. Plant Prot. Jpn.，43：23-26.

Bové JM. 2006.Huanglongbing：A destructive，newly-emerging，century-old disease of citrus[J]. Journal of Plant Pathology，88：7–37.

Gottwald TR，Graça JV.D，Bassanezi RB. 2007.Citrus huanglongbing：the pathogen and its impact[J]. Plant Health Progress，0906-01.

Grafton-Cardwell EE，Stelinski LL，Stansly PA. 2013.Biology and management of Asian citrus psyllid，vector of the huanglongbing pathogens[J]. Annual Review of Entomology，58：413-432.

IOCV（International Organization of Citrus Virologists）. 2017.Special Section：Proceedings of the 5th International Research Conference on Huanglongbing[J]. Journal of Citrus Pathology，4（1）：1-45.

Kender WJ，Hartmond U，Yuan R，et al. 2002.Factors influencing the effectiveness of ethephon as a citrus fruit abscission agent[J]. Proceedings of the Florida State Horticultural Society, 113: 88-92.

Moll JN, Martin M. 1974.Comparison of organism causing greening disease with several plant pathogenic gram negative bacteria, rickettsia-like organisms and mycoplasma-like organisms[J]. Coll Inserm, 33: 89-96.

Nariani TK, Raychaudhuri SP, Viswanath SM. 1973.Tolerance to greening in certain citrus species[J]. Curr. Sci., 42: 513-514.

Pelz-Stelinski KS, Brlansky RH, Ebert TA, et al. 2010.Transmission Parameters for Candidatus Liberibacter asiaticus by Asian Citrus Psyllid (Hemiptera: Psyllidae) [J]. Journal of Economic Entomology, 103 (5): 1 531-1 541.

Villechanoux S, Garnier M, Renaudin J, et al.1993.The genome of non-cultured, bacterial-like organism associated with citrus greening disease contains the nusG-rplKAJL-rpoBC gene cluster and the gene for a bacteriophage type DNA polymerase[J]. Curr Microbiol, 26 (3): 161-166.

彩插图 2-1　木虱成虫栖息形态（刘永忠摄）

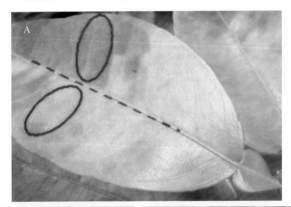

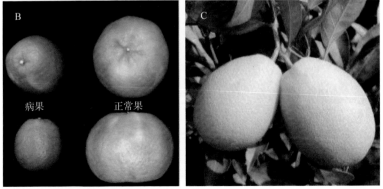

病果　　　　正常果

彩插图 2-2　柑橘黄龙病感染的叶片（A）和果实（B和C）的典型症状（刘永忠摄）

彩插图 3-1　永春桃城洋上锣鼓山柑橘园（刘永忠摄）

砍伐病树前喷药　　　　　　　　　砍伐病树

余留树桩上全面涂上草甘膦、柴油等　　　　园内集中烧毁

彩插图 3-2　园区清理过程（张生才摄）

彩插图 3-3　天马柑橘场小区边上种植有生态
隔离防护林（张生才摄）

彩插图 3-4　山地果园简易
梯田（刘永忠摄）

彩插图 3-5　壕沟改土（A）和作畦改土（B）（刘永忠摄）

彩插图 4-1　幼树下面覆盖地布防杂草、保墒（刘永忠摄）

彩插图 4-2　幼树果园行间生草（张生才摄）